中国陆军
科普绘本

直升机，突击！

张淋清　王懿墨◎著

东千树◎绘

嗒嗒嗒……

天上传来螺旋桨的声音，
突击队员犹如神兵，从天而降。

U0217507

北京科学技术出版社

从竹蜻蜓到直升机

直升机诞生以来，

经过了无数次试验和改进，

才成功飞上蓝天。

现在，直升机已是各国军队的重要武器之一。

我们来到了陆军航空兵基地，

准备参加战场突击演习任务。

在执行任务前，我们来了解一下直升机。

达芬奇的直升机草图

意大利的著名画家达芬奇在1475 年曾画过一幅直升机草图。然而，这只是天才的想象，达芬奇并没有把它造出来。

竹蜻蜓

直升机的雏形，又叫飞螺旋，是我国古人的发明，大约在明朝传入了欧洲。你玩过竹蜻蜓吗？

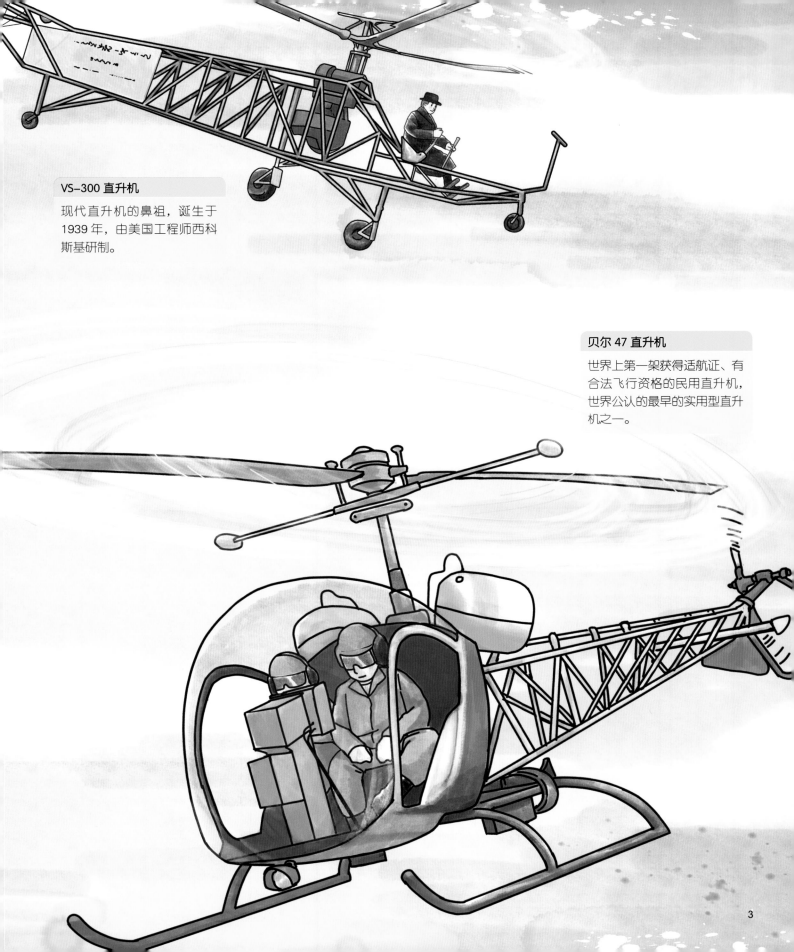

VS-300 直升机

现代直升机的鼻祖，诞生于1939 年，由美国工程师西科斯基研制。

贝尔 47 直升机

世界上第一架获得适航证、有合法飞行资格的民用直升机，世界公认的最早的实用型直升机之一。

直升机的构造

我们乘坐的直升机起飞了，准备执行任务吧！

直升机的构造和其他航空器的不同，所以它的飞行方式也有些特殊。

不用滑行就能飞起来，太厉害了！

主旋翼
大型的螺旋桨，通过旋转为直升机提供升力。

传动轴
把发动机的动力传递给主旋翼。

发动机
直升机的心脏，升机动力的来源。

驾驶舱
这里安装有各种仪表和操纵杆，是飞行员控制直升机的地方。

乘员舱
用于搭载人员或物资，空间很大，有可拆卸座椅。

起落架
有了它，直升机在降落时就不会直接撞在地面上了。

机载武器
种类很多，威力强大。

4

尾梁

在飞行时帮助直升机保持平衡。

尾桨

位于尾梁末端的小型螺旋桨，用来控制直升机的方向。

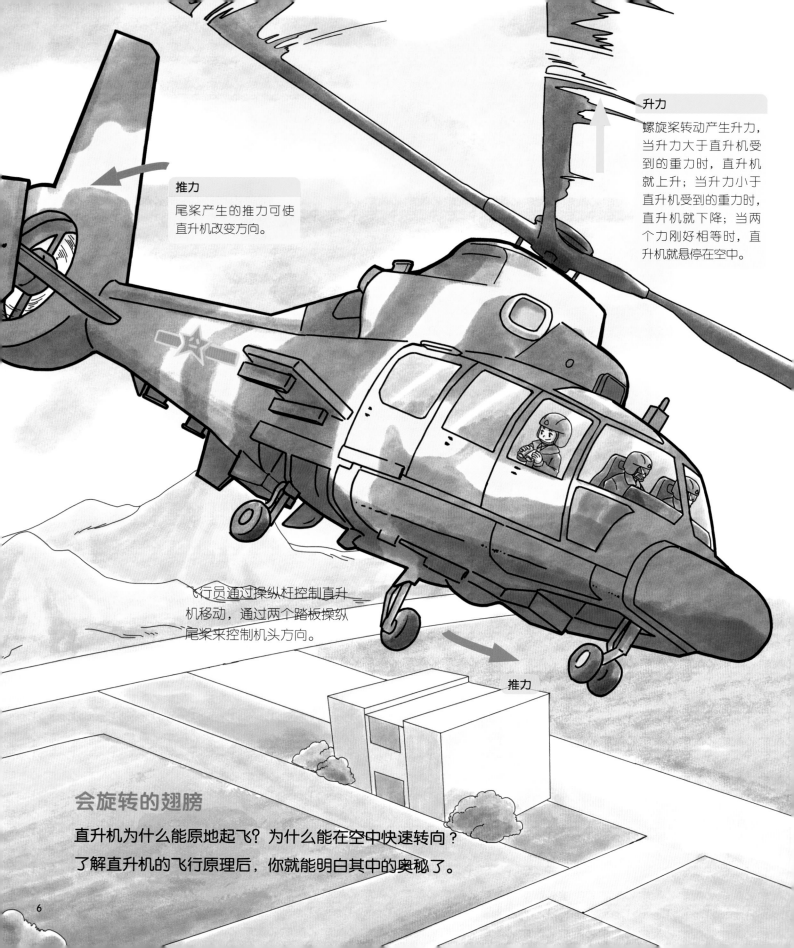

推力
尾桨产生的推力可使
直升机改变方向。

升力
螺旋桨转动产生升力,
当升力大于直升机受
到的重力时,直升机
就上升;当升力小于
直升机受到的重力时,
直升机就下降;当两
个力刚好相等时,直
升机就悬停在空中。

飞行员通过操纵杆控制直升
机移动,通过两个踏板操纵
尾桨来控制机头方向。

推力

会旋转的翅膀

直升机为什么能原地起飞?为什么能在空中快速转向?
了解直升机的飞行原理后,你就能明白其中的奥秘了。

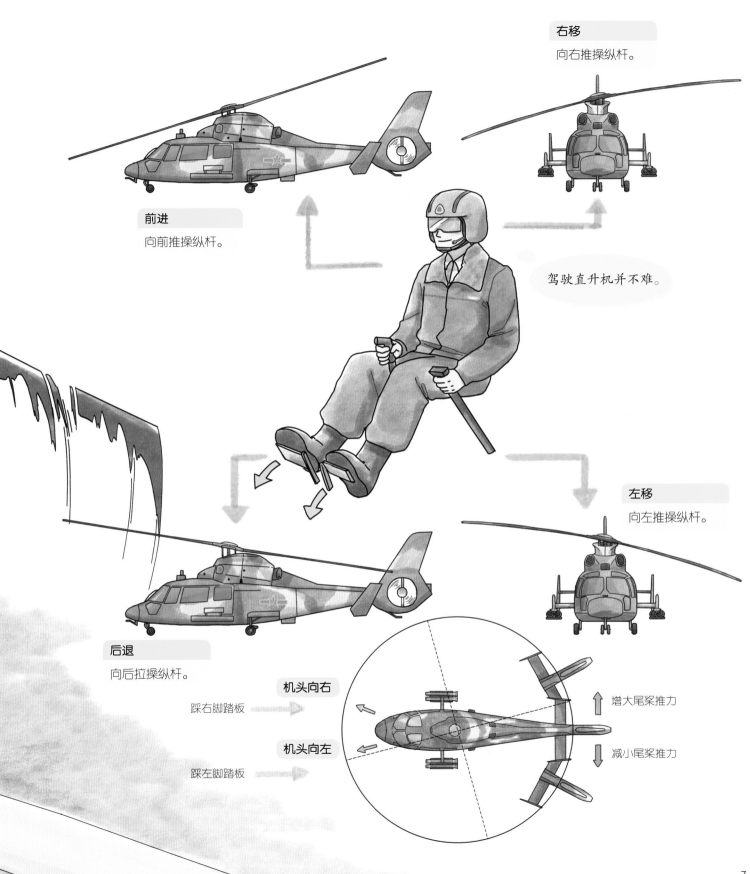

右移

向右推操纵杆。

前进

向前推操纵杆。

驾驶直升机并不难。

左移

向左推操纵杆。

后退

向后拉操纵杆。

机头向右

踩右脚踏板

机头向左

踩左脚踏板

增大尾桨推力

减小尾桨推力

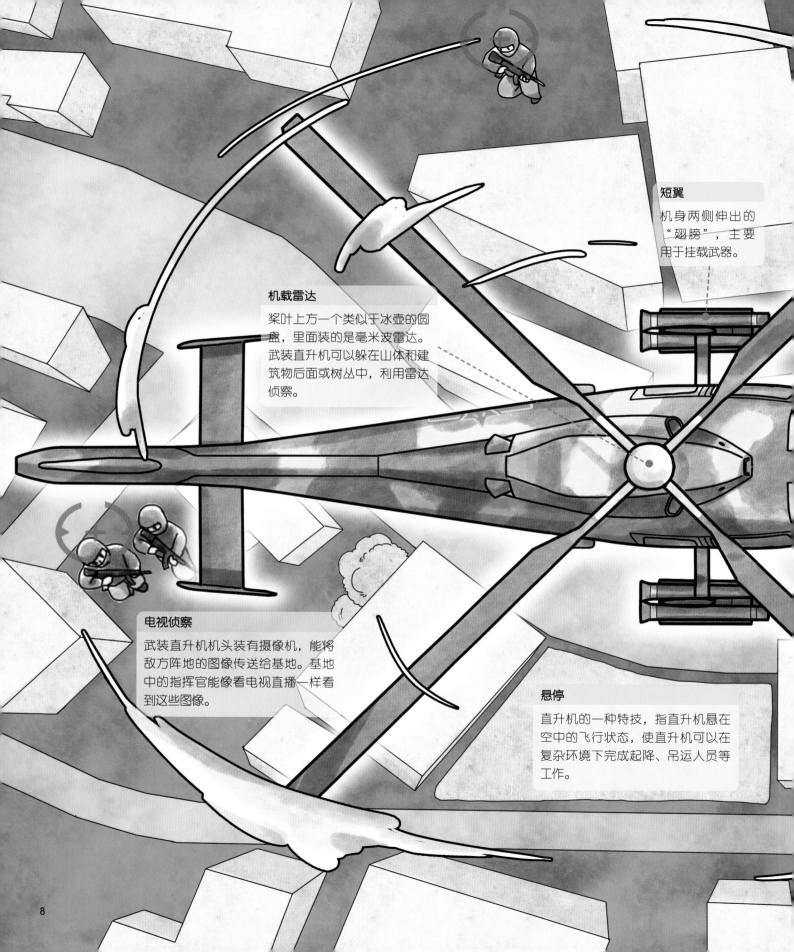

短翼

机身两侧伸出的"翅膀"，主要用于挂载武器。

机载雷达

桨叶上方一个类似于冰壶的圆盘，里面装的是毫米波雷达。武装直升机可以躲在山体和建筑物后面或树丛中，利用雷达侦察。

电视侦察

武装直升机机头装有摄像机，能将敌方阵地的图像传送给基地。基地中的指挥官能像看电视直播一样看到这些图像。

悬停

直升机的一种特技，指直升机悬在空中的飞行状态，使直升机可以在复杂环境下完成起降、吊运人员等工作。

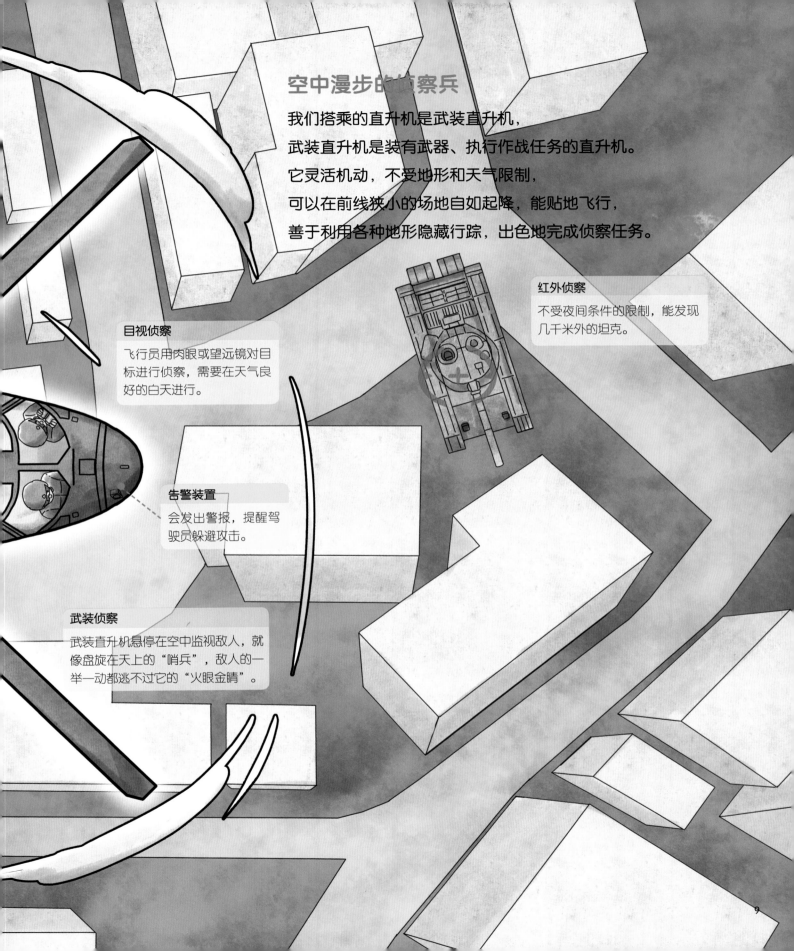

空中漫步的侦察兵

我们搭乘的直升机是武装直升机，

武装直升机是装有武器、执行作战任务的直升机。

它灵活机动，不受地形和天气限制，

可以在前线狭小的场地自如起降，能贴地飞行，

善于利用各种地形隐藏行踪，出色地完成侦察任务。

红外侦察

不受夜间条件的限制，能发现几千米外的坦克。

目视侦察

飞行员用肉眼或望远镜对目标进行侦察，需要在天气良好的白天进行。

告警装置

会发出警报，提醒驾驶员躲避攻击。

武装侦察

武装直升机悬停在空中监视敌人，就像盘旋在天上的"哨兵"，敌人的一举一动都逃不过它的"火眼金睛"。

9

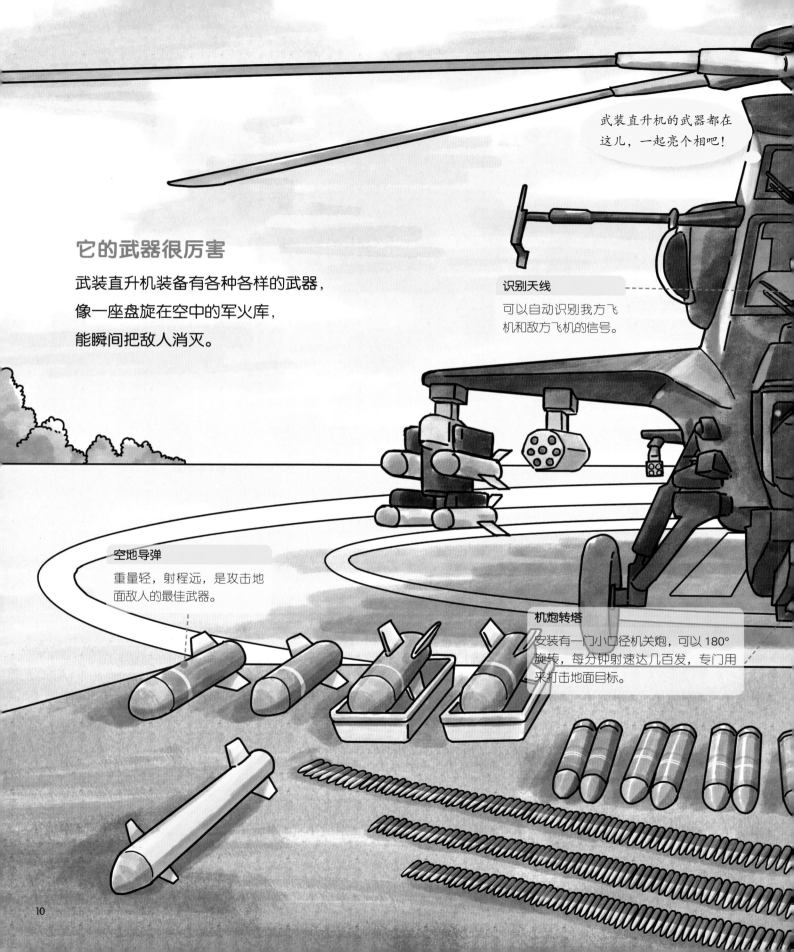

它的武器很厉害

武装直升机装备有各种各样的武器，
像一座盘旋在空中的军火库，
能瞬间把敌人消灭。

武装直升机的武器都在这儿，一起亮个相吧！

识别天线

可以自动识别我方飞机和敌方飞机的信号。

空地导弹

重量轻，射程远，是攻击地面敌人的最佳武器。

机炮转塔

安装有一门小口径机关炮，可以180°旋转，每分钟射速达几百发，专门用来打击地面目标。

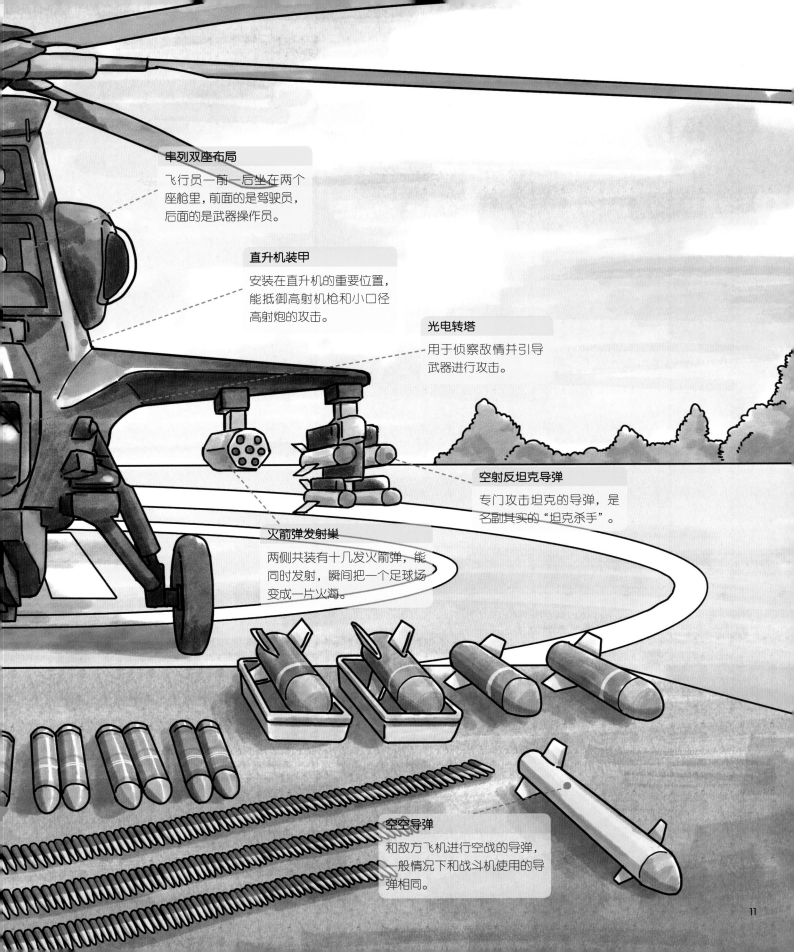

串列双座布局
飞行员一前一后坐在两个座舱里，前面的是驾驶员，后面的是武器操作员。

直升机装甲
安装在直升机的重要位置，能抵御高射机枪和小口径高射炮的攻击。

光电转塔
用于侦察敌情并引导武器进行攻击。

空射反坦克导弹
专门攻击坦克的导弹，是名副其实的"坦克杀手"。

火箭弹发射巢
两侧共装有十几发火箭弹，能同时发射，瞬间把一个足球场变成一片火海。

空空导弹
和敌方飞机进行空战的导弹，一般情况下和战斗机使用的导弹相同。

这里的海拔太高了，直升机的升力不足了，无法悬停！

为什么一般的直升机在高原上会飞行困难？
高原上寒冷缺氧的环境容易使直升机发动机的动力下降，所以一般的直升机无法悬停，也飞不过一些较高的山。此外，高原上地形崎岖，直升机很难随时随地补充燃料。

能飞上高原的全能选手
在海拔高的地方，一般的武装直升机根本不能正常飞行，所以需要性能出色的通用直升机来执行任务。

通用直升机

一般负责运送人员和物资，如果有需要，也可以改装成武装直升机，还可以通过加装电子干扰设备、通信设备等，变为预警直升机。

通用直升机在高原上可以自由飞行，因为它的发动机动力强劲。

旋翼机在空中飞行时，只有发动机和螺旋桨发出微弱的声音。安装排气管消声器以后，它发出的声音和一辆普通摩托车的差不多。

无声猎鹰

我们在执行突击任务的同时，
基地也用秘密武器对敌人发动突然袭击，
这种秘密武器就是旋翼机。

旋翼机的起飞方式和直升机的一样，是垂直起飞；但降落方式和滑翔机的一样，是滑行降落。旋翼机比直升机轻，所以降落时滑行距离比较短。

我们成功躲避了雷达搜索，
降落在敌人后方。

旋翼机能在恶劣的天气条件下起降，它个头小，可以在山地、丘陵等地形起降，不易被敌方的雷达发现，能搭载特种部队进行突击作战。

小声点儿，敌人还没有发现我们，迅速行动！

"猎鹰"亮相

2019 年，在国庆 70 周年阅兵式上，空中突击旋翼机"猎鹰"首次随受阅的特战装备方队亮相。

战场专车

我们的大部队快速到达了演习场，

多亏有了运输直升机，我们才有足够的时间来发动总攻。

运输直升机就像战场专车，不受地形影响，随叫随到。

它不仅能运送人员和物资，还能运送全地形车，甚至能运送步兵战车和坦克。

运输直升机还是航母、驱逐舰等战舰必不可少的装备。它是航母编队的"空中之眼"，改装后能执行侦察、反潜、扫雷、海上搜救等任务。

全地形车就像一只灵敏的山猫，在哪儿都能快速行驶，走山路、渡河流、翻陡坡都不在话下。

空中突击部队通常搭乘运输直升机作战。他们会驾驶轻型全地形车，轻松穿越山地、雪地、沼泽等。

17

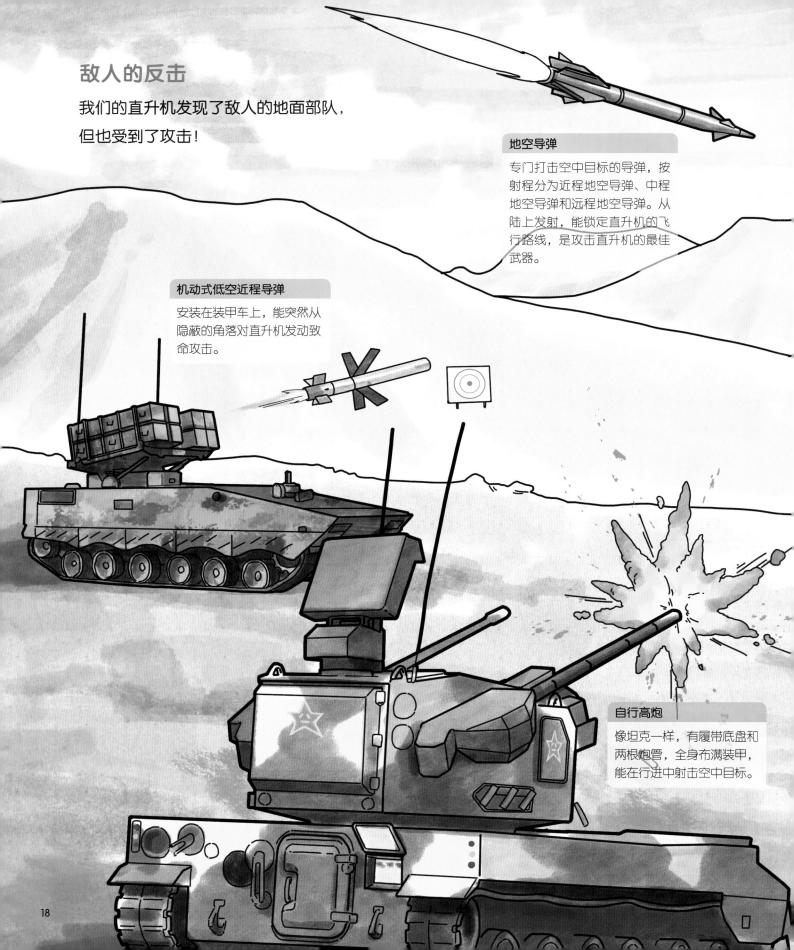

敌人的反击

我们的直升机发现了敌人的地面部队，但也受到了攻击！

地空导弹

专门打击空中目标的导弹，按射程分为近程地空导弹、中程地空导弹和远程地空导弹。从陆上发射，能锁定直升机的飞行路线，是攻击直升机的最佳武器。

机动式低空近程导弹

安装在装甲车上，能突然从隐蔽的角落对直升机发动致命攻击。

自行高炮

像坦克一样，有履带底盘和两根炮管，全身布满装甲，能在行进中射击空中目标。

天罗地网

为防止敌人出动空中部队偷袭，

我们的通用直升机开始布雷。

它两侧可以安装布雷发射器，布设地雷和空雷。

布雷时，它飞得很低、很慢，

地雷被抛出后会散落在地上，空雷则落在空中。

这就像布下了天罗地网，让敌人无法前进。

空雷

用来对付武装直升机的武器，由气球、压缩气罐、系雷钢丝绳等组成。气球和系雷钢丝绳将炸药带到空中，待直升机在附近经过时，炸药就会爆炸。

反直升机地雷

一种特殊的地雷，能自动探测直升机的方位，然后发射炸弹，击落直升机。

地面的树木能减小地雷下落时的力，所以它不会摔坏或爆炸。

地雷落地时会摔坏或爆炸吗？

战场急救

在后方，我们的医护兵搭乘救护直升机
和搜救直升机执行战场救助任务。
这两种直升机用于应急救援，
包括搜索救援、物资运送等，
像移动的战地救护车。

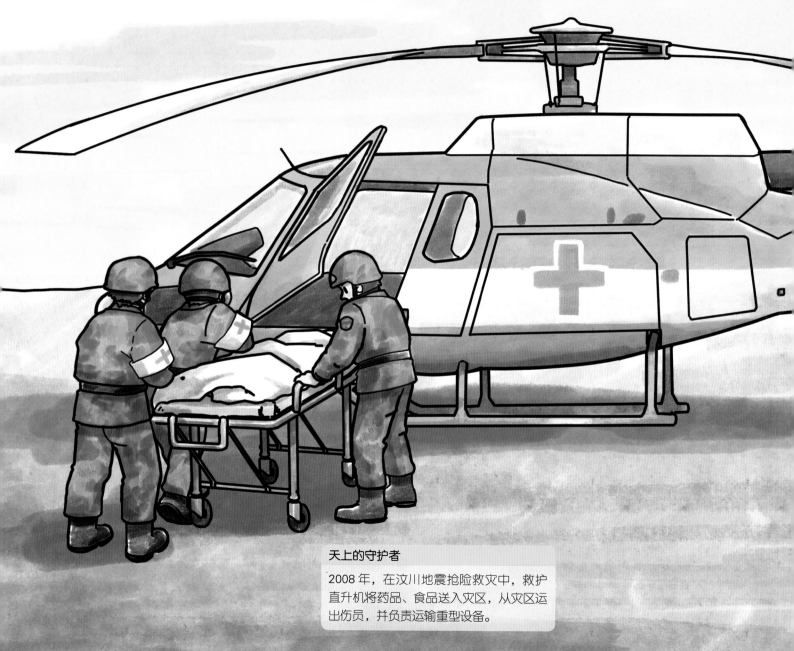

救护直升机

被称为"空中救护车"，机身上有
红十字标志，机舱内装有担架、供
氧装置，并配有急救包、外科手术
器械等。医护兵可在机舱内对伤员
进行简单急救。

天上的守护者

2008 年，在汶川地震抢险救灾中，救护
直升机将药品、食品送入灾区，从灾区运
出伤员，并负责运输重型设备。

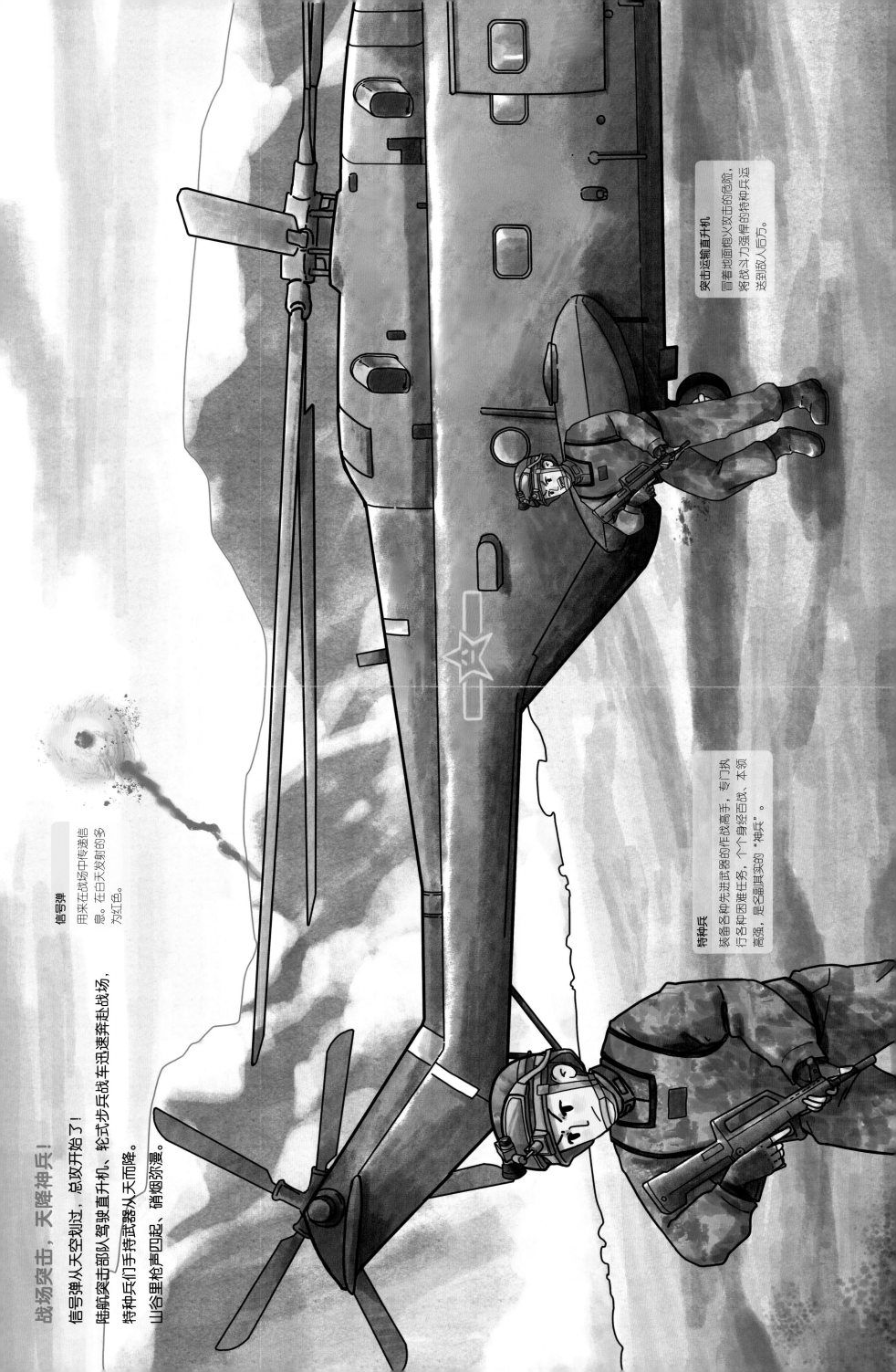

战场突击，天降神兵！

信号弹从天空划过，总攻开始了！

陆航突击部队驾驶直升机，轮式步兵战车迅速奔赴战场，特种兵们手持武器从天而降。一台台里枪声四起，硝烟弥漫。

信号弹

用来在战场中传递信息。在白天发射的多为红色。

突击运输直升机

冒着地面通炮火攻击的危险，将战斗力强悍的特种兵运送到敌人后方。

特种兵

装备各种先进武器的作战高手，专门执行各种困难任务，个个身经百战，本领高强，是名副其实的"神兵"。

飞翼铁骑

我们要派出更多的空中力量对敌军进行压制,基地中的武装直升机依次飞向演习场,是谁在操纵它们?

已搜索到伤员,开始救助!

搜救直升机
专门搜救人员的直升机,可以吊放绳索,安装有探照灯,红外搜索装置等,还配有救生筏以营救海上遇险人员。

你已经安全了,不用怕。

医护兵
跟随军队一同进入战场,负责救助战场上的伤员。

我可以在30分钟内完成直升机起飞的准备工作。

直升机的保障工作
直升机起飞前要进行检查、充电、充氧等准备工作,这都需要保障人员来完成。

陆军航空兵
陆军航空兵是重要的机动突击力量,他们的主要作战装备是武装直升机。他们负责在战场上打击坦克等地面目标,执行后勤运输、搜索救援、医疗救运等任务,并配合其他军种作战。

手电筒
用于在夜间检查直升机的各个部位，以及在飞行时查看导航图。

太阳镜
保护飞行员的眼睛。

直升机头盔
飞行员的高科技装备，不仅能将飞行高度、敌方情况、夜视图像等信息显示在内置电子屏上，还能控制机炮、空空导弹，让飞行员更加方便地操作直升机作战。

耳机
和话筒一起装在头盔里，能让飞行员更清晰地听到指令。

飞行记录簿
记录任务内容、时间、地点、机型编号等信息。

飞行包
飞行员的工具包，里面有计时器、飞行计算器、航空度量尺等，是飞行员在蓝天里的最佳搭档。

手持航空卫星定位器
为飞行员导航。

膝上图夹
飞行员的办公桌，一般为三折叠式，不用时被绑在飞行员的右大腿上。

手持无线电对讲机
紧急情况下和外界保持联络的工具。

我们顺利完成任务啦！
这枚勋章奖励给你和你的搭档。
你的搭档是谁？
看，它从我们头顶飞过，
它是突击先锋——直升机！

一直以来总有人问：当今世界，一个国家有了海军，有了空军，陆军还重要吗？

我可以肯定地回答：陆军非常重要，它始终是维护国家主权和领土完整的核心力量。

小朋友们也许知道，陆军是很早之前就诞生的一个军种，是一个国家的立国之本。一个国家没有强大的陆军，就没有强大的国防。不管人类历史如何发展，形势如何变换，陆军始终是维护陆上安全的核心力量。尤其是对于像我国一样拥有漫长陆地边境线的国家，一支强大的陆军绝对不可或缺，也只有在实力强大的陆军守护下，周边的国家才不敢轻易侵犯我们。

那么，我国的陆军是什么样的呢？不妨让我们一起看看"中国陆军科普绘本"吧。

"中国陆军科普绘本"主要介绍了三种核心武器：第一种是有"陆战之王"美名的坦克，它是现代陆上作战的主要武器之一，也是陆军最具代表性的武器之一。第二种是陆军的"翅膀"——直升机，它是在空中对敌人发动突击的重要装备。第三种是导弹，它是我国的战略核力量，是我国大国地位的战略支撑，是维护国家安全的重要基石。

这套绘本以小朋友们能理解的语言和精美绘图，详细讲解了这些武器的内部构造、工作原理、作战方式等专业知识，能让小朋友们近距离接触我军的新式装备，了解装备原理，满足他们的好奇心和求知欲，培养他们的科学探索精神。

小朋友们在阅读这套绘本时还可以与书中的人物进行互动，从而深入了解官兵们不为外界所知的训练、工作和生活，比如突击队员是怎样从直升机上快速降落到地面的，火箭军在导弹基地里怎样生活，坦克兵在野外执行任务时吃什么，陆军航空兵除了会驾驶直升机还要掌握什么技能……通过这套绘本，小朋友们还可以了解军人的职责，体验军人的日常生活，从而对军人这一职业产生向往。

我始终认为，军事科普绘本不仅能传播科普知识，还能呈现军人的优良精神和品格，现在的孩子们生活在和平年代，渐渐缺失了勇敢、顽强的阳刚之气。希望这套绘本可以让更多的孩子从中受益，从小树立远大的理想，做有本领、有担当的时代新人，长大后能成为英姿飒爽的军人或研发大国重器的科学家。

中国人民解放军战略支援部队航天工程大学原副校长
著名军事专家
陆军少将　　刘建